BLIOTHÈQUE MUNICIPALE PROFESSIONNELLE
D'ART ET D'INDUSTRIE **FORNEY**

ENSEIGNEMENT PROFESSIONNEL

CONFÉRENCE

SUR

LA MACHINE A VAPEUR

PAR

S. PÉRISSÉ
Ingénieur des Arts et Manufactures,
Vice-Président de la Société des Ingénieurs civils de France,
Membre du Jury (Mécanique) aux Expositions internationales,
Expert près les Tribunaux.

Prix : 50 centimes

PARIS
LIBRAIRIE POLYTECHNIQUE
BAUDRY ET Cie, ÉDITEURS
15, RUE DES SAINTS-PÈRES, 15

1887

BIBLIOTHÈQUE MUNICIPALE PROFESSIONNELLE
D'ART ET D'INDUSTRIE **FORNEY**

LA MACHINE A VAPEUR

PAR

M. S. PÉRISSÉ

Ingénieur des Arts et Manufactures,
Vice-Président de la Société des Ingénieurs civils de France,
Membre du Jury (Mécanique) aux Expositions internationales,
Expert près les Tribunaux.

CONFÉRENCE DU 10 FÉVRIER 1887.

Chers concitoyens,

L'année dernière, je vous ai entretenus de la métallurgie du fer et de l'acier. Je vous ai indiqué qu'il n'y avait plus entre le fer et la plupart des aciers modernes la différence que vous pouviez supposer, et je vous ai indiqué comment on fabriquait ce métal, le plus utile d'entre tous, et plus précieux, par conséquent, que ceux qui en portent le nom.

J'arrive maintenant aux applications.

Ces applications du fer et de l'acier sont innombrables, mais parmi les applications industrielles dont nous avons à nous occuper ici, il faut citer en première ligne les machines, et parmi elles, la **Machine à vapeur.**

Elle constitue la première grande application industrielle du fer.

Pour vous en entretenir d'une façon profitable et plus intéressante, le mieux est, je crois, de vous présenter un historique de la machine à vapeur, en m'arrêtant un instant sur chaque grande invention, afin de vous expliquer brièvement en quoi elle consiste.

L'histoire de la machine à vapeur peut être divisée en trois grandes périodes :

1° La *Période de recherches*, qui a commencé un siècle ou deux avant J.-C., pour finir en 1690 ;

2° La *Période d'inventions et d'applications*, de 1690 à 1840 ;

3° La *Période de perfectionnements*, depuis 1840.

Dans cette première conférence, je ne parlerai que des deux premières périodes.

En France, nous n'avons guère que l'historique

fait par le grand astronome **Arago**, sur les machines à vapeur, publié en 1829, il y a près de 60 ans, alors que l'Institut et les Ingénieurs de l'État s'opposaient à la construction des chemins de fer. Pour quelques-uns, c'était folie que de vouloir faire voyager dans des tunnels et d'exposer ainsi les voyageurs à des maladies mortelles; pour d'autres, c'était folie que de dépenser tant d'argent pour un si mince résultat et pour un profit absolument incertain.

Que de progrès accomplis dans ce dix-neuvième siècle, grâce à cet admirable engin qui s'appelle : la machine à vapeur! Son invention première remonte principalement à **Denis Papin**, mais sa création est due surtout au génie de l'illustre inventeur anglais **James Watt**.

Grâce à ce dernier, depuis un siècle la force est asservie par l'homme. Cette force, cette chaleur mises en réserve depuis des centaines de siècles sous forme de houille, elle est à la disposition de l'homme, pour la faire servir à ses besoins, pour soulager ses trop rudes labeurs, pour qu'elle soit pour beaucoup un moyen d'émancipation, pour décupler ses moyens d'action, pour abréger les distances sur terre et sur mer, pour être, en un mot, une source de bien-être pour l'humanité tout entière.

La machine à vapeur a révolutionné le monde moderne.

Il y a bien longtemps, cependant, qu'ont été faites les premières recherches sur la propriété et la puissance de la vapeur, puisqu'elles sont antérieures à l'ère chrétienne.

I

PÉRIODE DE RECHERCHES

Héron, d'*Alexandrie*, dans le deuxième siècle avant l'ère chrétienne, pensa à employer la chaleur pour mettre les fluides en mouvement. Il appartient à cette célèbre école de l'antiquité, — pépinière de savants qui fut dispersée par la conquête. La précieuse bibliothèque d'Alexandrie fut d'abord livrée aux flammes par les soldats victorieux du César romain, et la destruction en fut achevée quelques siècles plus tard par les Arabes.

Héron fit une fontaine qui coulait sous l'action du soleil. Enfin, nous connaissons sa machine. Elle consistait en un globe tournant par l'effet de la réaction de la vapeur d'eau sortant par deux tuyaux repliés aux deux extrémités d'un même diamètre. La vapeur était produite par une chaudière servant de support, et elle entrait dans la sphère creuse par un de ses tourillons.

Il est probable que la seule application de la machine de **Héron**, machine toute primitive, a consisté à servir de tourne-broche jusqu'au seizième siècle.

Après les essais d'Alexandrie, il s'est écoulé seize siècles, pendant lesquels rien n'a été fait pour étudier et rechercher les propriétés de l'eau transformée en vapeur. Le moyen âge fut une période d'obscurantisme au point de vue de la science, et il faut arriver au seizième siècle pour constater le réveil des études scientifiques.

En 1578, **Besson**, professeur de mathématiques à Orléans, a décrit la production de la vapeur par l'échauffement de l'eau, et quelques-unes de ses propriétés.

En 1601, **Porta**, de Naples, fait un appareil pour élever l'eau, et détermine par des expériences les volumes relatifs de l'eau et de la vapeur.

En 1615, **Salomon de Caus** imagine un appareil analogue à celui de Porta, mais permettant d'élever l'eau par la pression de la vapeur. C'était une sphère en cuivre, contenant de l'eau jusqu'à une certaine hauteur, avec un tube descendant vers le fond. En chauffant cette sphère, on produisait de la vapeur dont la force élastique chassait l'eau chaude par le tube plongeur et la faisait monter à une grande hauteur. On rechargeait l'appareil au moyen d'une tubulure portant un robinet, et on pouvait ainsi recommencer l'opération.

Après d'autres essais dans différents pays, nous arrivons au marquis de Worcester qui, en 1663, répéta en Angleterre l'expérience de Salomon de Caus. Mais il eut l'idée d'employer deux récipients, afin d'élever l'eau d'une façon continue. On conçoit, en effet, qu'un des récipients était en fonctions pendant que l'autre était en remplissage, de sorte qu'il n'y avait pas une grande interruption dans la montée de l'eau; mais c'était encore de l'eau chauffée. L'appareil de Worcester ne pouvait donc servir à aucune application sérieuse.

Le marquis de Worcester aurait cependant réalisé son invention au château de Raylan pour manœuvrer les portes de son donjon, mais si cette opération a été faite, on ne saurait l'attribuer à un appareil pouvant porter le nom de machine à vapeur, mais plutôt à une machine hydraulique, à une *machine commandant l'eau*, ainsi que l'écrit Worcester dans sa requête au Parlement.

Vers la fin du dix-septième siècle, les mineurs anglais éprouvaient des difficultés pour sortir de leurs puits les grandes quantités d'eau qui les encombraient. Ils étaient donc à l'affût des inventions. Un anglais, **Savery**, appliqua le premier les expériences et les indications de **Denis Papin**, ce compatriote malheureux, à qui la France vient de rendre un hommage tardif, mais éclatant, en lui élevant une statue qui a été inaugurée le mois dernier dans la Cour d'honneur de notre Conservatoire des arts et métiers.

II

PÉRIODE D'INVENTIONS ET D'APPLICATIONS

C'est à **Denis Papin**, chassé de France par la révocation de l'Édit de Nantes [1], que reviennent la gloire et l'honneur d'avoir indiqué le premier certaines propriétés de la vapeur et certaines dispositions qui ont été, et qui sont employées encore aujourd'hui dans les machines et chaudières à vapeur.

1. L'Édit de Nantes, rendu en 1598, par Henri IV, accordait aux protestants la liberté de conscience, l'exercice de leur culte et l'admission aux charges et fonctions publiques. Cet Édit a été malheureusement révoqué par Louis XIV en 1685.

Vers 1680, il montra par son *digesteur* que la température de l'eau s'élève au fur et à mesure que la pression augmente, et il conduisit ses expériences fort loin, car il dépassa probablement 50 atmosphères. Son digesteur, plus communément appelé *marmite de Papin*, puisqu'il servait à la préparation de certains aliments concentrés, était muni de la soupape de sûreté que Papin a inventée et qui est encore employée aujourd'hui, avec les dispositions générales que lui donna notre illustre compatriote.

En 1687, il fit connaître son invention de transport de force motrice à distance, au moyen de la méthode pneumatique, consistant à faire le vide dans un tube à l'arrière d'un piston, lequel soulevait un poids proportionné à son diamètre et au degré du vide imparfait obtenu.

En 1690, dans une publication faite à Leipzig, il eut recours à l'emploi de la vapeur pour chasser l'air et produire ensuite par la condensation le vide parfait qu'il recherchait. C'est ainsi qu'il produisit la première machine à vapeur munie d'un piston.

Cette machine est décrite sous le titre de : *Nouveau moyen pour obtenir à bon marché des forces motrices très puissantes*. Elle ressemble à l'engin à poudre à canon que Papin construisit avec le célèbre physicien Huyghens ; il se compose d'un cylindre ouvert à sa partie supérieure et contenant sous un piston une petite quantité d'eau que l'on vaporise par l'action d'un foyer. Le piston se soulève jusqu'à un loquet ; le feu est alors enlevé ; la vapeur se condense par l'effet du refroidissement des surfaces du cylindre [1], un vide se forme sous le piston, et celui-ci, poussé par la pression atmosphérique, descend dans le cylindre en soulevant un poids au moyen d'une corde et de poulies de renvoi.

Papin indique dans ce mémoire que la vapeur fait ressort comme l'air ; c'est la première indication de la force élastique de la vapeur, et il cite comme applications de sa nouvelle machine : l'épuisement des mines, la propulsion des navires, en attachant, dit-il, sur leurs flancs des palettes tournantes, c'est-à-dire, des roues à aubes.

En 1695, Papin décrit un fourneau nouvellement inventé qui est la première chaudière à foyer intérieur avec carneau latéral conduisant les gaz brûlés à la cheminée. Il a proposé en outre une grille à flamme renversée, c'est-à-dire, traversée par l'air de haut en bas, afin d'obtenir, au dire de Papin, une combustion complète sans fumée. C'est à la suite de ces expériences qu'il proposa l'emploi de l'air chaud soufflé, mais il fut arrêté par l'impossi-

1. L'idée première de la condensation par surfaces appartient à Hautefeuille d'Orléans, qui s'en servait dans un projet de machine à évaporation d'alcool.

bilité de trouver une substance assez réfractaire pour supporter la haute température développée dans le foyer.

C'est la première chaudière avec boîte à feu et avec carneaux dont il soit mention dans l'histoire. C'est aussi la première idée du chauffage à flamme renversée pour obtenir la fumivorité.

Plus tard, en 1707, Papin appliqua la machine à vapeur à la propulsion d'un bateau sur la Fulda, près de Cassel, au moyen duquel il comptait descendre le Weser jusqu'à Brême, mais, à peine dans le fleuve, son bateau fut mis en pièces par des bateliers qui voyaient dans cette tentative une atteinte portée à leurs privilèges ou une concurrence future pour leur industrie.

Papin ne survécut que quelques années à cette catastrophe. Il mourut pauvre et délaissé, sans avoir vu une seule de ses nombreuses inventions couronnée de succès. C'est encore lui qui a inventé le robinet à quatre voies, le fusil à vent et la machine pneumatique à double corps de pompe.

C'est en 1698 que **Savery** présenta les premiers dessins d'une machine d'épuisement qu'il appela une *machine à feu*. Elle avait de l'analogie avec l'appareil assez récent appelé pulsomètre, et réalisait la mise en pratique du système qui, en Angleterre, est le plus souvent attribué au marquis de Worcester.

Savery prit comme celui-ci deux récipients, mais au lieu de les juxtaposer sur un même foyer et de les alimenter d'eau par un réservoir supérieur, il détacha le foyer de la machine, fit une chaudière à part qui envoyait de la vapeur dans l'appareil, et celui-ci puisait son eau par aspiration dans un puits ou un réservoir inférieur, de sorte que ce n'était plus de l'eau chaude qui était montée, mais bien de l'eau froide. Une fois la vapeur introduite dans l'un des récipients, elle se condensait comme dans la machine de Papin par le refroidissement des surfaces et il se produisait un vide grâce auquel l'eau montait dans le tuyau d'aspiration, pendant que dans l'autre appareil la vapeur poussait l'eau dans le tuyau de refoulement.

Savery est donc le premier qui ait construit et fait fonctionner pratiquement un appareil élévatoire à vapeur, autrement dit une machine à vapeur sans piston. Il obtint en Angleterre le droit exclusif d'appliquer la condensation par surface.

Dans la chaudière qu'il employa, Savery plaça les premiers robinets de jauge, permettant de déterminer le niveau de l'eau, et il employa pour alimenter sa chaudière un appareil spécial ayant de l'analogie avec la bouteille alimentaire de nos jours.

Mais il ne munit pas ses machines de soupapes de sûreté ; il en résulta plusieurs explosions.

Quelques années aprés, **Désaguliers** employa la soupape de Papin, et il s'en trouva bien, mais un de ses élèves, ayant une fois voulu augmenter le poids de la soupape pour avancer son ouvrage, la chaudière fit explosion et le pauvre homme fut tué.

Désaguliers, dans une machine construite en 1718, abandonna le double récipient de Savery, mais il assura la condensation à l'intérieur de son récipient unique par une injection d'eau au moyen d'une pomme d'arrosoir. Il substitua donc à la condensation par surface, la condensation par jet, qui avait déjà été pratiquée par Newcomen, et dans la dite machine, il fit usage du robinet à quatre voies inventé par Papin.

Après l'apparition de la machine Savery, un grand nombre d'ingénieurs anglais s'occupèrent de la construction des machines et des chaudières à vapeur. Mais ce fut **Th. Newcomen**, qui avait été employé par Savery comme simple forgeron, qui parvint à combiner vers 1705 une véritable machine à vapeur avec des éléments assez complets pour que la force pût être transmise mécaniquement jusqu'à la résistance qu'il s'agissait de vaincre.

Newcomen produisit une machine d'un type nouveau qu'il appela *machine à vapeur atmosphérique.* Cette machine n'est, à proprement parler, que la mise en pratique de la machine à piston de Papin, perfectionnée à plusieurs points de vue, mais sans que, pour cela, l'idée essentielle en ait été notablement modifiée.

Cette machine se compose d'une chaudière surmontée d'un cylindre ouvert à sa partie supérieure et communiquant avec la chaudière par une tubulure munie d'un robinet. Sous l'action de la vapeur, le piston monte et pour hâter la condensation nécessaire pour la descente, Newcomen projeta d'abord de l'eau froide à l'extérieur du cylindre. Mais ayant, un jour, remarqué que le piston descendait plus vite, il en rechercha la cause et s'aperçut que son piston avait un trou par lequel passait l'eau froide mise en dessus pour faire joint. L'injection de l'eau froide à l'intérieur du cylindre était donc découverte, et la condensation par le refroidissement de la surface fut abandonnée. Le mouvement de va-et-vient du piston était communiqué à la tige de la pompe d'épuisement par un balancier à secteurs. Comme il fallait manœuvrer à la main alternativement le robinet de vapeur et le robinet d'eau, la machine ne pouvait donner que six à huit coups de piston par minute, mais, en 1713, un jeune garçon, **Potter**, chargé de manœuvrer les robinets, ajouta des déclics et des ficelles, de sorte que les robinets furent manœuvrés automatiquement par le balancier lui-même ; ainsi le nombre de coups de piston par minute se trouva doublé.

Quelques années après, **Beighton** construisit une machine de huit chevaux-vapeur avec un appareil distributeur constituant l'application mécanique de l'idée de Potter.

Les premières machines Newcomen avaient des cylindres en laiton, mais la fonte de fer fut substituée à ce métal, dès 1743, sur les conseils de Désaguliers.

La machine de Newcomen fut adoptée dans presque toutes les mines d'Angleterre et d'Écosse, et c'est en 1720 que fut montée la première machine dans ce dernier pays.

Ce fut **Smeaton**, l'ingénieur mécanicien le plus distingué de son temps, qui améliora les machines Newcomen en donnant aux différents organes les proportions convenables, de manière à augmenter la puissance tout en diminuant la résistance, en même temps qu'il obtint une vitesse de marche plus grande. Smeaton employa le premier un réchauffeur d'eau d'alimentation, une garniture d'étoupes autour du piston, au moyen de laquelle il empêcha les fuites d'eau ou de vapeur, et il adjoignit à sa machine une pompe auxiliaire pour alimenter le réservoir contenant l'eau nécessaire à la condensation. Il installa séparément la chaudière et la machine. Enfin, il imagina une disposition de chaudière à foyer intérieur pour machines portatives.

Vers la fin du dix-huitième siècle, la machine à vapeur était devenue d'un usage général, en Angleterre, pour l'élévation de l'eau. Elle reçut aussi d'autres applications, et notamment, en 1784, fut construite la première machine soufflante pour hauts fourneaux, à balancier, à simple effet.

La machine de Newcomen, perfectionnée par l'ingéniosité de Potter et de Beighton, par les recherches et les études de l'ingénieur Smeaton, constituait une machine marchant industriellement. On en cite qui, avec un diamètre de 1 mètre à 1m,50 et une course de de 2 à 3 mètres, développaient plus de 150 chevaux de force. La consommation de charbon fut d'abord mesurée être de 25 kilogr. par cheval et par heure, et elle descendit successivement jusqu'à la moitié environ. Aujourd'hui, les bonnes machines à vapeur consomment moins d'un kilogramme de houille.

Nous arrivons à **James Watt.**

Ce célèbre inventeur naquit à Greenock, en Écosse, en 1736. A l'âge de six ans, il s'occupait, dans ses moments de loisir, à résoudre des problèmes de géométrie. Il était d'une santé fort délicate, lisait beaucoup, et aimait à s'exercer au travail manuel, de sorte qu'il construisait de petits appareils fort ingénieux, des instruments de musique, etc.

A dix-huit ans, il entra chez un fabricant d'instruments de mathématiques, à Londres, puis à Glasgow; mais, vers l'âge de vingt-cinq ans, il se consacra entièrement à la mécanique. Il étudiait aussi la chimie avec l'aide des leçons de **Black,** lequel découvrit la chaleur latente de la vapeur.

C'est avec un digesteur de Papin et avec une seringue commune qu'il fit ses premières expériences. Il eut ensuite à sa disposition, vers 1763, un modèle de machine Newcomen, appartenant aux collections de l'Université de Glasgow, et, comme ce modèle avait une chaudière insuffisante, Watt en construisit une nouvelle qu'il disposa de telle sorte qu'il put mesurer les quantités d'eau vaporisée, ainsi que la quantité de vapeur employée à chaque coup de piston. Il confirma l'existence de la chaleur latente en constatant que la vapeur, en se condensant, pouvait réchauffer, jusqu'à près de

100 degrés, cinq ou six fois son poids d'eau. Il eut alors la préoccupation de conserver autant que possible la chaleur, et, à cet effet, il enveloppa ses tuyaux de vapeur de substances mauvaises conductrices de la chaleur, et il recouvrit sa chaudière de douves en bois.

Mais il voulut rechercher quelle était l'importance des pertes de chaleur résultant de la nécessité de refroidir la machine à chaque coup de piston, et résultant aussi de ce que la vapeur incomplètement condensée conservait encore sous le piston une pression inutilisée. C'est dans ce but qu'il fit une série d'expériences très précises.

Il mesura l'augmentation de la température de la vapeur aux différentes pressions, phénomène qui avait été constaté par Papin ; il prit pour unité la capacité calorifique de l'eau, et détermina par comparaison les capacités calorifiques du fer, du cuivre, du bois, etc. Il vérifia les volumes relatifs de l'eau et de la vapeur déjà déterminés ; il mesura la quantité de vapeur dépensée à chaque coup de piston, la quantité d'eau froide nécessaire à la condensation, et enfin il se rendit compte également de la quantité d'eau vaporisée par livre de houille.

C'est alors que Watt, éclairé sur les causes des imperfections de la machine de Newcomen, put songer à corriger ses défauts. Il comprit qu'il fallait avant tout maintenir le cylindre aussi chaud que la vapeur venant de la chaudière, et il imagina la série de modifications qui constituent la base de la machine moderne :

Juxtaposition d'un récipient vide dans lequel la vapeur se précipite, puisqu'elle est un fluide élastique, et condensation de la vapeur dans ce récipient, c'est-à-dire hors du cylindre. Ce *condenseur séparé* fut fait d'abord pour obtenir la condensation par surfaces, mais, la réussite n'ayant pas été obtenue, Watt y substitua l'injection et employa une *pómpe à air* qui débarrassa le condenseur, non seulement de l'eau, mais aussi de l'air qui s'y réunit et nuit à la perfection du vide.

Il imagina de fermer le haut du cylindre par un couvercle en faisant passer la tige du piston à travers un *stuffing-box*, ou boite à étoupes, et il entoura le cylindre d'une *enveloppe de vapeur*.

C'est en 1765 qu'il commença ses premiers essais, mais il était réduit à la pauvreté, malgré le concours pécuniaire de plusieurs de ses amis, et notamment du Dr Riebuck et de M. Boulton qui devait être plus tard son associé à Soho, près Birmingham, en 1774, où Watt essaya sa première machine.

Les difficultés de construction étaient alors très

considérables, car on n'avait ni ouvriers mécaniciens capables, ni machines-outils.

Le brevet de 1769 indique les inventions que je viens de signaler. En 1781, Watt fit breveter une série de dispositions pour obtenir le mouvement circulaire d'un arbre sans l'emploi de la manivelle, dont l'usage pour la machine à vapeur aurait été d'abord proposé par Watt, mais dont le brevet avait été pris par **Warsborough**, inventeur de l'emploi du *volant*, possesseur aussi du brevet pour la combinaison d'un volant et d'une manivelle trouvée par d'autres ingénieurs.

Le volant et la manivelle sont des organes mécaniques d'une grande simplicité, et constituent, par leur combinaison avec une bielle, un admirable moyen de transformer le mouvement rectiligne alternatif d'un piston en mouvement circulaire continu et régulier, alors surtout qu'il y a en différents points de la course des irrégularités inévitables.

En 1782, Watt prend un brevet très important, dans lequel il revendique l'emploi de la *détente*, ou expansion de la vapeur, ainsi que la *machine à double effet*. C'est aussi dans ce brevet que se trouvent indiqués la machine double ou couplée et un système de machine rotative.

Au sujet de la détente, Watt connaissait depuis dix ou quinze ans cette propriété de la vapeur de se comporter, dans de certaines conditions, comme un gaz, et d'obéir à la loi trouvée au dix-septième siècle par le physicien français Mariotte[1]. Pour utiliser la détente, ou force d'expansion de la vapeur, Watt employa un cylindre plus grand qu'il ne fallait, et il ferma l'arrivée de la vapeur lorsque le cylindre fut rempli au quart, c'est-à-dire lorsque le piston fut arrivé au quart de sa course. Il indiqua l'emploi de la détente, soit avec un condenseur, soit avec une machine sans condensation, à échappement libre. L'emploi du volant pour égaliser la force expansive fut le moyen de régularisation auquel Watt s'arrêta.

C'est en 1767 que le célèbre inventeur proposa pour la première fois la machine à double effet dont il n'est pas besoin d'exposer tous les avantages. Lorsque Watt trouva le moyen de fermer son cylindre à simple effet, il n'y avait qu'un pas à faire pour avoir le cylindre à double effet. Il fallait trouver le distributeur pour faire arriver alternativement la vapeur sur chaque face du piston, alors que la face opposée est en communication avec le condenseur.

Ce serait aussi à cette époque qu'il aurait proposé

1. *Loi de Mariotte.* — Le volume d'une masse de gaz, à une température constante, varie en raison inverse de la pression qu'elle supporte. Autrement dit, le produit de la pression par le volume est une quantité constante.

la machine *compound*, ou à double cylindre, dont le brevet fut possédé par **Hornblower**. Il est impossible de dire exactement à qui appartient l'idée première de la machine à deux cylindres, l'un servant pour la détente de la vapeur venant du premier cylindre.

En 1783, Watt trouva une nouvelle application de la vapeur en utilisant sa force motrice pour soulever un marteau.

L'année suivante, en 1784, l'inépuisable inventeur construisit le *parallélogramme* articulé pour obtenir le mouvement rectiligne de la tige du piston, et, dans son nouveau brevet, il indiqua aussi la *traverse avec glissière* qui guide la tige plus rigoureusement et qui est aujourd'hui d'un usage général. Ce dispositif très simple de la crosse entre glissières donne peu de perte par frottement et il est d'un entretien et d'un ajustage assez faciles.

Par ce même brevet de 1784, Watt décrivit la machine à fourreau qui supprime la tige du piston, les glissières, et qui est employée en raison du peu de hauteur qu'elle prend; mais aussi, et surtout, par ce brevet, Watt s'assura l'invention du régulateur à boules et de la soupape à tige avec portées en biseau qui laisse facilement passer la vapeur quand son disque est parallèle à l'axe du tuyau, tandis que, placé dans la position inverse, il l'intercepte à tel point que la machine s'arrête.

Le *régulateur à boules* reçut de Watt la disposition qu'il a encore sur quelques machines. Ce sont deux lourdes sphères suspendues par deux tiges articulées à la partie supérieure d'un arbre vertical que la machine fait tourner. On conçoit que, par l'effet de la force centrifuge, les boules s'écartent lorsque la vitesse augmente, tandis qu'elles retombent et se rapprochent lorsque la vitesse diminue. Les tiges qui portent les boules sont, dans le voisinage de celles-ci, reliées par d'autres tiges articulées à une douille inférieure qui peut glisser librement sur l'arbre, et qui, en montant et en descendant, met en mouvement la soupape ou papillon, de sorte que la vitesse est à peu près constante.

Watt, qui avait, à titre de redevance ou prime du brevet, une part dans les économies réalisées sur le combustible, eut besoin de connaître les conditions de marche de ses machines. Il imagina un *compteur de tours* avec mouvement d'horlogerie. Il employa un manomètre à mercure, tant pour mesurer la pression de la vapeur que le vide obtenu au condenseur, et enfin, cherchant un moyen pratique d'évaluer la puissance développée par la mesure de la pression de la vapeur dans le cylindre, il imagina l'*indicateur*, qui permet de connaître la pression à chaque point de la course du piston. L'index de l'appareil trace, en parcourant son échelle, les variations de pression, soit en dessus de l'atmosphère, soit en dessous quand il y a un vide dans le cylindre. L'indicateur de pression fut complété par l'aide de Watt, qui ajouta une planchette animée d'un mouvement alternatif coïncidant avec celui du piston, de sorte qu'on peut alors obtenir la courbe représentative des pressions qu'on appelle *diagramme*. L'indicateur de Watt, beaucoup amélioré de nos jours, rend aujourd'hui des services considérables.

Le génie merveilleux de Watt se porta aussi sur le générateur de vapeur. Il ajouta aux robinets de jauge, en usage déjà depuis longtemps, le *tube de niveau d'eau* qui est encore adapté à toutes les chaudières. Il fit breveter un *fourneau* dit *fumivore*, dans lequel les gaz produits par le combustible frais, chargé sur la grille, étaient forcés de passer sur les charbons déjà incandescents.

La Société commerciale Boulton et Watt prit fin en 1800, avec les brevets qu'elle avait exploités au grand avantage de tous. Watt mourut en 1819, à l'âge de quatre-vingt-trois ans, et un monument a été élevé en son honneur dans l'abbaye de Westminster, à Londres.

Je viens de décrire l'histoire du plus grand des inventeurs de la machine à vapeur moderne, de celui qu'on peut appeler à juste titre le créateur du type de la machine motrice du dix-neuvième siècle.

Watt eut pour contemporains un grand nombre d'ingénieurs mécaniciens parmi lesquels il convient de citer :

Murdoch, son aide, qui, en 1785, inventa la machine oscillante et le tiroir glissant.

La *machine oscillante* a un cylindre supporté par deux tourillons creux servant à l'entrée et à la sortie de la vapeur, et, comme ce cylindre peut ainsi osciller, il suffit de relier directement la tige du piston à la manivelle sans avoir besoin d'employer bielle ou glissières. Ce système a été employé dans un assez grand nombre de machines, en raison sans doute de l'avantage qu'il présente de ne pas exiger beaucoup de place.

Quant au *tiroir glissant*, il est inutile que je le décrive, car il est aujourd'hui employé dans le plus grand nombre des machines, et, il y a dix ans encore, avant la présentation à l'exposition de 1878 de quelques nouveaux types de machines avec distributeurs spéciaux, le tiroir était pour ainsi dire exclusivement employé.

Je citerai aussi **Cartwright**, qui, en 1798, appliqua avec plus de succès la condensation par surface, en refroidissant plus énergiquement les surfaces métalliques au moyen de courant d'eau, et qui substitua au piston garni de chanvre le piston à garniture métallique, garniture qui est toujours employée avec les modifications de détail que la pratique a indiquées.

A. Woolf construisit en 1804 une machine à deux cylindres ; le petit recevait la vapeur à plus haute pression, et, dans les deux cylindres, la détente a été poussée jusqu'à un septième, à un huitième. Aussi, cette machine fut-elle, dès l'origine, très économique, car elle n'aurait consommé par heure et par cheval qu'une quantité de houille voisine de deux kilogrammes. Ce type de machine ne fut cependant pas goûté.

Il ne faut pas oublier, enfin, le célèbre inventeur **Olivier Evans** qui, le premier, vers 1800, fit avec succès l'application de la machine à vapeur à *haute pression* et à *échappement libre*, c'est-à-dire sans condensation, et qui inventa la chaudière à un ou deux carneaux intérieurs parcourus par les flammes et complètement entourés d'eau. Evans est donc l'inventeur des chaudières dites à un ou deux foyers intérieurs.

Olivier Evans, **Stevens** et bien d'autres mécaniciens américains montrèrent la hardiesse qui les caractérise encore aujourd'hui et qui caractérise leur nation depuis le jour où fut conquise l'indépendance des États-Unis, à laquelle la France a pris une part glorieuse.

L'histoire de la machine motrice doit s'arrêter à Watt.

Après lui, les perfectionnements n'ont guère porté que sur des points de détail, et les importantes modifications de la machine à vapeur ne furent amenées que par l'extension de son emploi et la diversité de ses applications. Elle prit alors des formes spéciales, suivant les conditions à remplir dans ses applications nouvelles, et parmi elles je ne peux passer sous silence les deux grandes applications de la machine à vapeur à la locomotion sur terre et à la locomotion sur l'eau.

J'ai nommé la locomotive et la machine marine.

LA LOCOMOTIVE. — La première expérience suivie d'un résultat fut celle de **Cugnot**, officier français, qui, en 1770, construisit une voiture à vapeur qui existe dans les galeries de notre Conservatoire, et qui se distingue, non seulement par son ingéniosité, mais aussi par le fini de son exécution.

Destinée aux transports de l'artillerie, cette voiture porte sur trois roues, deux à l'arrière et une à l'avant, commandée par deux machines à simple effet, pouvant faire marcher la voiture en avant et en arrière.

Nous voyons ensuite **Trévithick** essayer à Londres une machine routière à vapeur, en 1803, laquelle parcourut plus de cent kilomètres.

Dans les 30 années qui suivirent, de nombreux modèles de machines routières furent proposés, construits et essayés non sans succès, mais le mauvais état des routes faisait le désespoir des inventeurs. Le Rail, ou chemin de fer fit son apparition. La locomotive devait détrôner la machine routière.

C'est en 1804 que **Trévithick** présenta la première locomotive marchant sur chemins de bois recouverts de bandes de fer ou de barres en fonte. Elle avait une chaudière cylindrique à carneaux horizontaux, du système d'Olivier Evans, avec un cylindre à vapeur posé verticalement sur la chaudière, et commandant l'essieu d'arrière par de très longues bielles. La vapeur d'échappement se rendait dans la cheminée, aidant ainsi le tirage.

Plus tard, en 1813, **Hedley** augmenta le tirage de la cheminée en resserrant l'ouverture du tuyau d'échappement qui lançait de bas en haut un jet de vapeur puissant à tel point, qu'il fallut payer de nombreux dégâts causés par l'incendie des gazons et des haies bordant la voie.

Mais c'est à **Georges Stephenson** qu'il faut reporter l'honneur d'avoir créé la locomotive.

G. Stephenson était fils de mineur, et à 17 ans, il fut choisi pour conduire, comme mécanicien, une machine d'épuisement. En 1815, il présenta une locomotive à trois essieux, avec deux cylindres verticaux posés sur la chaudière à chacune de ses extrémités. Un des cylindres actionnait l'essieu d'avant, l'autre l'essieu de derrière réunis et rendus solidaires par une chaîne sans fin. Les manivelles étaient calées à angle droit.

Stephenson fit de nombreuses expériences avec un dynamomètre pour se rendre compte des résistances à vaincre par suite du frottement de roulement des roues, du frottement de glissement des fusées d'essieux dans leurs coussinets, par suite de la résistance de l'air, et enfin par suite de l'effet de la pesanteur sur les pentes. Il comprit alors la nécessité d'établir des voies ferrées aussi horizontales que possible, et se montra résolument l'adversaire du transport mécanique sur les routes ordinaires. Il se fit avec tant de chaleur l'apôtre de la voie ferrée, qu'en Angleterre, on l'appelle le père des chemins de fer[1].

C'est en 1823 qu'il construisit la ligne de Stockton à Darlington, la première qui ait été faite avec des rails en fer forgé, et la première qui ait été exploitée pour transports de marchandises par locomotion, à partir de 1825, avec une vitesse de 20 à 25 kilomètres à l'heure. L'accouplement des roues était fait au moyen de bielles.

De vives oppositions furent faites à propos de la voie ferrée projetée entre Liverpool et Manchester pour le transport des voyageurs et des marchandises. On ne concevait pas qu'on pût impunément tripler la vitesse d'une diligence, et on en citait tous les dangers.

Qu'arriverait-il, par exemple, si un bœuf venait se mettre en travers de la voie? « Ce serait gênant pour lui, » répondit Stephenson.

Un concours fut ouvert pour le 1er octobre 1829, et une récompense fut promise à l'ingénieur qui présenterait la meilleure locomotive. Stephenson

1. Sur chemin de fer, en plaine et en ligne droite, la résistance due aux divers frottements est environ dix fois plus faible que sur une route.

L'augmentation de la résistance due aux courbes est plus grande pour les chemins de fer, en raison de la solidarité des roues sur les essieux.

La résistance due à la déclivité est la même sur un chemin de fer que sur une route.

présenta la « *Fusée* », construite à Newcastle, qui remplit seule, et au delà, les principales conditions du programme. Elle marcha aux essais à près de 50 kilomètres à l'heure. Le nouveau chemin de Manchester à Liverpool fut pourvu de locomotives et la ligne fut officiellement ouverte le 15 septembre 1830.

La chaudière de la Fusée avait une surface de chauffe suffisante, grâce à l'emploi du système multitubulaire horizontal que **Marc Séguin** venait d'essayer sur la ligne de Saint-Etienne à Lyon, et de faire breveter en février 1828.

Les cylindres étaient à l'arrière, inclinés devant le mécanicien; et ils n'agissaient que sur un seul essieu, celui d'avant. La locomotive avait deux essieux ; elle pesait moins de 5 tonnes et était pourvue d'un tender.

C'est en 1833 que la maison Stephenson et Co présenta le vrai type de la locomotive moderne, type qui a été conservé jusqu'au jour où les nécessités du service obligèrent à augmenter le poids des locomotives, le nombre et les dimensions des roues.

Les cylindres ont été reportés à l'avant et placés horizontalement. Les bielles attaquent l'essieu d'arrière. La chaudière se compose de trois parties : la boîte à feu à l'arrière, entourée d'eau;

le corps tubulaire cylindrique, horizontal, et la boîte à fumée de l'avant, surmontée de la cheminée. Les gaz enflammés, après avoir chauffé les parois de la boite à feu, parcourent horizontalement un grand nombre de petits tubes en laiton plongés dans la masse liquide, avant de pénétrer dans la cheminée dont le tirage est d'autant plus intense que la consommation de vapeur est plus grande, puisque ce tirage est activé par la vapeur d'échappement.

Stephenson construisit ainsi une chaudière très puissante, et évita les difficultés devant lesquelles avaient échoué ses prédécesseurs, qui n'avaient jamais eu à leur disposition, ni pour les voitures à vapeur, ni pour les locomotives, un générateur de vapeur possédant sous un petit volume la surface de chauffe nécessaire.

Le grand inventeur anglais mit pour cela à profit le système multitubulaire français.

C'est donc à **Marc Séguin** qu'il faut reporter l'honneur de la chaudière tubulaire horizontale de locomotive qui a seule permis de créer la locomotive, c'est-à-dire, la machine pour les transports à grande vitesse. Mais Stephenson lui a donné sa forme définitive et l'a fait entrer dans la pratique courante.

Stephenson a immortalisé son nom en inventant l'appareil distributeur qui porte son nom et qui est toujours employé, pour ainsi dire, sans modification.

La *coulisse Stephenson* permet d'opérer le changement de marche et de modifier la détente, c'est-à-dire, la force de la machine, condition indispensable pour parer aux incessantes variations de résistance.

Sur l'essieu moteur sont calés deux excentriques commandant le tiroir, l'un pour la marche en avant, l'autre pour la marche en arrière, et les deux barres d'excentriques correspondent aux deux extrémités d'une coulisse qui est suspendue en son milieu à une tringle mobile à la volonté du mécanicien, de sorte que celui-ci peut, en manœuvrant un levier, changer la marche en changeant la position de la coulisse, et par suite, celle du tiroir par rapport au piston.

Le tiroir, en effet, est rattaché à une petite pièce prismatique qui se loge dans le vide de la coulisse. Le tiroir est à recouvrement sur les lumières, de sorte que la détente de la vapeur peut être obtenue sans organe spécial, et de plus, comme la coulisse mobile permet de faire varier la course du tiroir en plaçant le levier aux différents crans d'un secteur, la détente se trouve ainsi variable, et par suite, la force de la locomotive se trouve modifiée.

L'appareil de distribution Stephenson a bien quelques inconvénients au point de vue de la détente, mais il est si simple et il fonctionne si bien, que son emploi s'est jusqu'ici perpétué.

L'honneur de la création de la locomotive moderne appartient donc surtout à l'Angleterre.

Mais les États-Unis ne tardèrent pas à la suivre dans la nouvelle voie, puisque c'est en 1832 que parut la première locomotive du système spécial, connu sous le nom de type américain. La Belgique fut le premier pays du continent qui adopta un projet de réseau de voies ferrées, en vertu d'un décret de Juillet 1834.

La France ne vint qu'après en 1837, année pendant laquelle on inaugura la construction en grand des chemins de fer par la ligne de Paris à Saint-Germain, et cependant, dès 1823, avait été concédé le chemin de fer de Saint-Étienne à la Loire pour transport de marchandises, et dès 1826, celui de Saint-Étienne à Lyon; mais il fallut compter avec l'opposition opiniâtre que firent l'administration et certains hommes politiques dont la patriotique perspicacité s'est cependant affirmée dans plusieurs circonstances.

L'application de la machine à vapeur à la *locomotion sur eau* a été tentée pour la première fois par

Papin en 1707. Après lui, bien des inventeurs firent des essais, mais le premier qui fut suivi de succès est encore dû à notre compatriote, le marquis de Jouffroy.

C'est à Lyon, que le 15 juillet 1783 un petit bateau à vapeur à roues remonta la Saône. L'inventeur employa une machine horizontale à piston dont la tige était solidarisée avec deux crémaillères, celles-ci portant des dents à rochet, disposées en sens inverse et agissant successivement sur une roue à rochet placée entre les deux crémaillères et montée sur l'arbre du bateau de sorte qu'elle imprimait aux roues un mouvement de rotation continu.

Le gouvernement, se basant sur ce que l'académie des sciences avait ajourné sa décision, refusa d'accorder à Jouffroy le monopole qu'il demandait et qu'il eût certainement obtenu s'il était né de l'autre côté de la Manche, où la propriété industrielle pouvait être facilement reconnue, tandis qu'elle ne l'a été légalement chez nous qu'à partir de 1791.

C'est ainsi que la France a perdu à deux reprises l'honneur de l'application de la vapeur à la propulsion des bateaux.

Cet honneur appartient à **Fulton**, citoyen des États-Unis qui sut profiter des tentatives de ses devanciers, et notamment de ses deux compatriotes Fitch et Read. Ce dernier établit en 1788 une chaudière verticale multitubulaire dont la disposition générale est encore employée en Amérique. Elle contient des tubes remplis d'eau, les uns suspendus et les autres mettant en communication les réservoirs d'eau au dessus du ciel du foyer, avec l'eau du double fond autour de la grille [1].

Fulton vint en France en 1797, et quatre ans après, il appela l'attention publique par des expériences sur les bateaux torpilles. Il rencontra à Paris R. Livingston, représentant de la république des États-Unis, et ensemble, ils résolurent d'essayer un bateau à vapeur sur la Seine. Ce bateau fut construit dans l'île des Cygnes après des expériences faites par Fulton pour mesurer la résistance que l'eau oppose aux corps flottants de diverses formes.

Le 9 août 1803, le bateau quitta l'île des Cygnes et remonta la Seine. L'essai avait donc réussi, mais le premier Consul n'accorda pas sa protection à l'inventeur qui se rendit en Angleterre, commanda une machine spéciale à la maison Watt et retourna à New-York en 1806.

1. Dans une patente Stevens de 1805, on trouve la description d'une petite chaudière avec deux plaques tubulaires recevant des tubes de petit diamètre, afin de pouvoir résister à de très hautes pressions.

Un bateau, de plus grandes dimensions que les précédents, que Fulton appela du nom de sa femme « *La Catherine de Clermont* », reçut la machine commandée en Angleterre, et accomplit en août 1807, de New-York à Albany, sur l'Hudson, le premier voyage important, ayant à bord une cinquantaine de passagers, dont le dernier survivant, le docteur Perry, est mort à l'âge de 98 ans, il y a un mois aujourd'hui.

La machine de la Catherine de Clermont, à cylindre vertical de $0^m,61$ de diamètre actionnait un arbre intermédiaire relié par des engrenages à l'arbre porte-roues.

Fulton n'est pas, à proprement parler, un inventeur, mais il a eu le grand mérite de doter l'humanité d'une des plus grandes applications de la machine à vapeur en mettant à profit ce qui avait été déjà fait, et en apportant à la réalisation de sa grande idée toute l'énergie, l'habileté et la persévérance dont un homme peut être capable.

Après Fulton, le célèbre ingénieur américain Robert Stevens fit en 1808 le premier voyage en mer de New-York à Philadelphie, sur un bateau qui n'avait d'autre moteur que la vapeur. Il dota son pays de magnifiques steamers qui parcouraient, il y a plus de 50 ans les grands fleuves des États-Unis.

Vers 1832, Stevens construisit la première chaudière tubulaire horizontale de bateau, à retour de flammes, et appliqua aux foyers le tirage artificiel, sans doute pour brûler convenablement l'anthracite, très répandue à l'est des États-Unis. Il inventa la soupape à double siège et un système de détente qui porte son nom.

Il serait trop long, et ce serait m'écarter de mon sujet que de décrire les perfectionnements apportés aux machines marines. Qu'il me suffise de dire que c'est en 1838 que deux bateaux anglais firent la première traversée de l'océan Atlantique. L'un d'eux, le Great-Western ne mit que quinze jours pour aller de New-York à Bristol, malgré le mauvais temps et les vents contraires.

Enfin, c'est en 1840 que fut construit aux États-Unis le premier bâtiment de guerre à hélice, lequel filait 13 nœuds à l'heure.

C'est ici que se termine la période d'inventions et d'applications nouvelles de la machine à vapeur et que commence la période de perfectionnements.

En résumé, la machine à vapeur, comme toutes les grandes inventions, n'est pas l'œuvre d'un seul ; elle est le produit final d'une somme de recherches et d'efforts faits par les hommes à différentes époques.

Qu'il nous soit permis en terminant de constater que c'est à l'Angleterre que revient la plus grande part de ces recherches et de ces efforts. Et cependant, n'est-ce pas le Français Papin qui a donné l'idée première de la machine à vapeur à piston? N'est-ce pas lui, et plus tard, le Français marquis de Jouffroy qui ont réalisé avec succès les premiers essais de l'application de la vapeur à la marche d'un bateau? N'est-ce pas le français Cugnot qui le premier a fait marcher une voiture à l'aide d'une machine à vapeur?

Pourquoi ne trouvons-nous des Français qu'à l'origine des inventions, et des Anglais pour les développer et les appliquer?

Ne serait-ce pas parce que la propriété industrielle a été depuis plus longtemps reconnue en Angleterre par la réglementation des brevets d'invention? Ne serait-ce pas aussi parce que les inventeurs et les industriels trouvent en Angleterre et aux États-Unis un appui financier plus efficace et plus facile? Ne serait-ce pas enfin parce que les inventeurs anglais ou américains apportent un esprit de suite et une persévérance qu'on ne retrouve pas au même degré chez les inventeurs français?

Aujourd'hui que la propriété industrielle existe en France et que les capitaux répondent plus que par le passé à l'appel de l'industrie, armons-nous de persévérance, ayons l'esprit pratique et l'esprit de suite. Profitons, en un mot, des leçons que nous fournit l'histoire de la machine à vapeur, et nous aurons servi notre intérêt personnel en même temps que l'intérêt de la France.

FIN.

Paris. — Imp. E. Capiomont et Cie, rue des Poitevins, 6.

www.ingramcontent.com/pod-product-compliance
Lightning Source LLC
LaVergne TN
LVHW050501160826
845677LV00003B/874

* 9 7 8 2 3 2 9 6 5 5 2 2 2 *